AF586955

RECUEIL
DE POESIES
LATINES ET FRANCOISES,
SUR LES VINS
DE
CHAMPAGNE
ET DE
BOURGOGNE.

A PARIS,

Chez la Veuve de CLAUDE THIBOUST,

ET

PIERRE ESCLASSAN, Libraire-Juré, & Imprimeur ordinaire de l'Université, ruë S. Jean de Latran vis-à-vis le College Royal.

M. DCC. XII.

AVERTISSEMENT.

LA Querelle des Poëtes de Champagne & de Bourgogne, au ſujet du merite des Vins de leurs pays, n'eſt pas nouvelle. Dés l'année 1652. le ſieur Arbinet, Bachelier en Medecine de la Faculté de Paris, prit pour Argument de ſa Theſe *an Vinum Belnenſe Remenſi ſuavius & ſalubrius?* & n'ayant apparemment jamais bû de Vin de Champagne, qui pour lors étoit plus rare qu'il ne l'eſt aujourd'huy à Paris, & ne ſe bûvoit qu'aux tables des Princes & des Grands-Seigneurs, conclut aveuglément pour le premier qu'il connoiſſoit, *ergo Vinum Belnenſe potuum ut ſuaviſſimus, ſic ſaluberrimus.* En 1700. au mois de May, les Medecins de Reims firent ſoûtenir dans leurs Ecoles une Propoſition toute contraire, & conclurent avec plus de connoiſſance de cauſe, *ergo Vinum Remenſe Vino Burgundiano ſuavius eſt & ſalubrius.* Le ſieur De Salins l'aîné, Medecin de Beaune, ſe déchaina fort contre cette Theſe dans une Lettre Latine adreſſée à un Conſeiller du Parlement de Dijon, qu'il rendit publique en 1705. il y fait, à la verité, des remarques tres belles & tres curieuſes: mais ſa prévention pour le Vin de Bourgogne le fait tomber dans des abſurdités qu'on ne peut luy paſſer; & quoy que ce ne ſoit pas icy le lieu de le réfuter, le Lecteur ne ſera pas faché qu'on en rapporte deux que le ſieur le Pêcheur Medecin de Reims n'a pas aſſez touchées dans la réponſe qu'il fit à cette Lettre, dés qu'elle parut. Il dit, page 16. *Qu'on ne connoît le Vin de Champagne à Paris, que depuis 1648, c'eſt à dire depuis que Meſſieurs LE TELLIER & COLBERT l'ont mis en vogue par interêt, comme ayant beaucoup de Vignes dans le territoire de Reims.*

La réponſe que fit HENRY IV. de glorieuſe memoire à un Ambaſſadeur d'Eſpagne, dans une Audience de congé, juſtifie pleinement le ridicule de cette propoſition. Cet Ambaſſadeur qualifiant le Roy ſon maître, de Roy de tous les Royaumes qui compoſent la Monarchie d'Eſpagne, & les nommant l'un aprés l'autre, sans en omettre un seul. *Vous direz*, luy dit HENRY IV. en l'interrompant, *au Roy d'Espagne, d'Arragon, de Castille, de Leon &c. qu'Henry Roy de Gonesse & d'Ay &c.* Ce bon Prince n'opposoit aux qualités du Roy d'Espagne, que celle de Roy du bon Pain & du bon Vin. S'il avoit connu quelque endroit en France où il se fut fait de meilleur Pain qu'à Gonesse, il n'auroit pas manqué de s'en dire Roy. Il en faut donc conclure que non seulement il connoissoit le Vin de Reims ; mais qu'il ne connoissoit pas de Village en Bourgogne, dont le Vin valût celuy d'Ay en Champagne, puis qu'il s'en dit Roy. Quant à Messieurs le TELLIER & COLBERT, il est faux qu'ils ayent jamais eu des vignes à Reims, & c'est faire bien peu d'honneur au désinteressement de ces deux Grands-Hommes, que d'en parler avec si peu de respect.

La consequence qu'il tire encore page 27. en sa faveur, de ce que le Roy ne boit que du Bourgogne, n'est gueres mieux fondée, il seroit à souhaiter pour le bonheur de la France, & pour l'honneur de la Bourgogne, que ce grand Prince bût aussi long-temps du vin de Beaune, qu'il en a beu de Reims.

Jusqu'icy les Muses n'avoient point pris de party. Toûjours contentes de se désalterer à la fontaine d'Hippocrene, elles avoient laissé aux Medecins & aux Gourmets le soin de terminer ce different, auquel il leur paroissoit qu'elles ne devoient jamais avoir de part : mais comme dans un repas, qu'Apollon leur donna au Carnaval dernier dans la Forest Pieris, il leur eut fait servir d'abord quelques Bouteilles de Bourgogne, Erato l'une de ces Buveuses d'eau, à qui deux verres de ce vin avoient donné dans la teste, sortit de table avant le dessert pour aller dormir sur le Parnasse, & le lendemain en s'éveillant elle chanta sur sa lyre, en faveur de la Bourgogne, la premiere des deux Odes qui suivent. Les autres qui tinrent table jusqu'à la fin, & qui par consequent bûrent des deux Vins, en sceurent faire la difference, & ne balancerent pas dés le premier coup de Vin de Reims qu'on leur servit, à donner le prix à la Champagne. Elles envoyerent sur l'heure chercher leurs instrumens par Mercure, & toutes d'une voix entonnerent la seconde Ode cy-après. Erato, quoique fachée de se trouver seule de son sentiment, ne voulut pourtant point se dédire, soit qu'elle crût effectivement qu'il ne pouvoit y avoir de meilleur Vin que celuy qu'elle avoit bû, soit que la honte d'un désaveu l'emportast chez elle sur l'amour de la verité : mais sentant ses forces trop foibles pour tenir seule contre toutes ses Sœurs, elle interessa dans sa cause Esculape fils d'Apollon, par une Requeste qu'elle luy presenta, & qui fait la troisiéme Piece de ce Recueil. Esculape ravi de trouver cette occasion de se venger sur les Muses filles de Jupiter, d'un coup de foudre qu'il avoit autre fois receu de leur Pere, donna de prompts ordres à tous les Medecins du Monde, sous peine d'être dégradés, de tenir pour la Bourgogne contre la Champagne, & fit partir en poste son Fils Macaon, pour les porter à la Faculté de Medecine de l'Isle de Cô, qui les reçût avec respect. En consequence elle fit quelques jours aprés, le Decret qui suit icy la Requeste. Dans cet intervalle les Muses alarmées de l'opiniâtreté de leur Sœur, qui avoit quitté le Parnasse pour suivre Esculape, luy écrivirent qu'il ne falloit pas que si peu de chose les désunit: qu'elles étoient prêtes à se remettre à table avec elle, pour faire l'épreuve des deux Vins, & qu'elles ne doutoient point que ce ne fût le meilleur moyen de la tirer de son erreur. Leur lettre est la derniere dans l'ordre du Recueil.

On joint icy à côté de chaque piece la Traduction Françoise, qui en a esté faite en faveur des Dames.

Beau Sexe, à qui des deux donnés vous la victoire?
En tout vôtre goût est divin.
Beaune & Reims aujourd'huy se disputent la gloire
D'avoir le plus excellent vin.
Doux & charmants objets de nôtre complaisance,
Declarés nous lequel a pour vous plus d'atraits,
Celuy qui sur vos cœurs a le plus de puissance,
Est celuy qu'avec vous nous boirons à longs traits.

VINUM BURGUNDUM.

ODE.

TESTA, Burgundo gravidam liquore,
Quam Jocus circumvolat, & nitenti
Sanitas vultu rubicunda, & inſons
Riſus, Amorque :

Te canam fandi celerem magiſtram,
Tu potes tardos homines docere,
Improbus quos vix labor eruditas
Fingat ad artes.

Te fugit nigrâ truculenta fronte
Cura. Quos urgens rigidis Egeſtas
Obligat vinclis, tua, vi potente,
Pocula ſolvunt.

Anxio ſurgit cibus apparatu ;
Docta ſed fruſtra manus elaborat
Splendidis dulcem dapibus ſaporem,
Ni comes adſis.

Nam ſuum Remi licet uſque Bacchum
Jactitent : æſtu petulans jocoſo
Hic quidem fervet cyathis, & aurâ
Limpidus acri

Vellicat nares avidas ; venenum
At latet : multos facies fefellit.
Hic tamèn ſpargat modico ſeçundam
Munere menſam,

LE VIN DE BOURGOGNE.

ODE.

DOux suc, que la Bourgogne heureuse
Produit sur ses riches Coteaux,
De toy seul ma Muse amoureuse
Te consacre ces chants nouveaux.
Liqueur charmante & sans pareille,
Que suivent la Santé vermeille,
Les Graces, les Jeux & les Ris,
C'est toy qui fais les Demosthenes,
Par toy la France comme Athenes
A vû naître de beaux Esprits.
Le noir souci fuit ta presence,
Et de toy le pauvre enchanté
Au milieu de son indigence
Est plein d'espoir & de fierté.
En vain de cent Mets admirables
On vient offrir aux bonnes Tables
Les services delicieux,
Si tu ne parois à la feste,
Tout le regal que l'on apreste
Aux Conviez est ennuyeux.
Vante, Champagne ambitieuse,
L'odeur & l'éclat de ton vin
Dont la seve pernicieuse
Dans ce brillant cache un venin :
Tu dois toute ta gloire en France
A cette agréable apparence
Qui nous attire & nous seduit ;
Qu'à Beaune ta liqueur soumise
Dans les repas ne soit admise
Que sagement avec le fruit.

Tu ſenum nutrix querulos benigno
Lacte titillas, refoveſque alumnos.
Ut valens per te redit in caduca
Membra juventa!

Vatis effœtam malè ſi reliquit
Igneus mentem calor, atque vena
Ingenî, dives modò quæ fluebat,
Si pigra torpet:

Tu caballino melior fluento
Suſcitas Muſam reſidem, & vigentes
Spiritus, grandique pares cothurno
Fortior afflas.

Quid ciet dirum tuba rauca bellum?
Plus ſcyphi proſunt. Ferus inde miles
Hauriat robur: peritura ſiccus
Vix trahit arma.

Sed datum Marti ſatis eſt cruento.
Aptior ludis ſimul & choreis
Evoca lentam, bona Teſta, fauſto
Nectare Pacem.

Nunc beant unctas tua dona cœnas;
Mox & in pagis reſupina pubes
Tædium belli tibi tradet amplis
Mergere trullis.

Noxio lædat ſtomachum Lyæo
Prela quem paſſim ſubigunt, racemus;
Hic gravet nervos, caput angat ille
Perfidus hoſpes:

Tu ſubis nervis capitique ſana;
Nec levat triſtes medicina morbos,
Ut latex pellit tuus, innocentis
Filius uvæ.

Beaune propice à la Vieilleſſe
Luy fournit un lait ſavoureux,
Qui redonne un air de Jeuneſſe
A ſes membres plus vigoureux.
D'abord que nôtre Eſprit décline
Et perd cette chaleur divine
Qui faiſoit mouvoir ſes reſſorts,
C'eſt toy qui rallumes ſa flamme,
Douce Liqueur, & de nôtre ame
Tu renouvelles les tranſports.

De toy naiſt la valeur altiere
Qui fait briller nos Eſcadrons,
Tu nous rends l'ame plus guerriere,
Que les Tambours & les Clairons.
Mais ne ſongeons plus à la guerre,
Inſpire la paix ſur la Terre
Toy qui n'aimes que les plaiſirs;
En tous lieux porte l'allegreſſe
Et noye en tes flots la triſteſſe
Que nous cauſent de longs deſirs.

Il eſt des Vins dont la nature
Gaſte les ſens & la raiſon,
Des Vins de qui la ſeve impure
N'eſt qu'un tumultueux poiſon.
Pour Toy, Fille d'une Contrée
Des faveurs du Ciel honorée,
Tu remplis d'un baume innocent,
Et jamais le Chimiſte habile
Ne fit d'eſſence plus ſubtile,
Ni de remede plus puiſſant.

Somnus averſâ fugitivus alâ
Nil preces curat levis obſtinatas :
Fuderis rorem, revolabit imbre
Udus amico.

At verecundi violare leges
Liberi nobis ſcelus eſto ; téque
Speret haud æquam tua qui protervè
Munera tractat.

Perge vitali, pia Teſta, ſucco
Principis corpus vegetum tueri,
Salva quo ſalvo benè temnat omnes
Gallia caſus.

Vina ſic, quæ fert ubicumque tellus,
Victa decedant tibi, regiæque
Audias menſæ decus, & ſalutis
Optima cuſtos.

BENIGNUS GRENAN,
Burgundus, Humanitatis Profeſſor in Harcurio.

Parmi ſes vertus infinies
On ſçait que ce Jus ſouverain,
Des ennuyeuſes inſomnies
D'abord aſſoupit le chagrin.
Mais que l'uſage en ſoit modeſte,
Ainſi qu'un autre il eſt funeſte
A ces Beuveurs immoderés:
Oui, tu punis l'Intemperance
De l'abus que ſon inſolence
Fait de tes Pots ſi reverés.

De mille biens ſource fertile,
Pourſui, ſalutaire Liqueur,
LOUIS à ſon peuple eſt utile,
Rempli ce Heros de vigueur.
Tous les vins ſoumis à ta gloire,
T'abandonnerent la victoire,
Lors qu'il t'honora de ſon choix;
Toy donc ſeule victorieuſe,
Soutien la ſanté précieuſe
Du Modele de tous les Rois.

DE BELLECHAUME.

CAMPANIA VINDICATA

Sive

LAUS VINI REMENSIS

à Poëtâ Burgundo eleganter quidem, sed immeritò culpati.

O D E.

HUC te, Remensi nata solo, tui
Poscunt honores, nobilis Amphora:
Adesto; Campanoque vires
Adde novas animosa Vati.

Men' gratus error ludit, an intimis
Gliscens medullis insinuat calor;
Venisque conceptus sonantes
Se liquor in numeros resolvit?

Quantùm superbas Vitis, humi licet
Prorepat, anteït fructibus arbores;
Tantùm, orbe quæ toto premuntur,
Vina super generosiora

Remense surgit. Cedite Massica
Cantata Flacco * Silleriis; neque
Chio remixtum certet audax
Collibus * Aïacis Falernum.

* *Vins de Sillery ou de Verzenay, & d'Ay.*

Cernis micanti concolor ut vitro
Latex in auras, gemmeus aspici,
Scintillet exultim; utque dulces
Naribus illecebras propinet

LA
CHAMPAGNE VANGÉE
OU LA LOUANGE DU VIN DE CHAMPAGNE.
ODE.

CHER FRUIT *des lieux de ma naissance,*
Noble & merveilleuse Liqueur,
Icy je soûtiens ta puissance,
Vien me donner de la vigueur.
Quelle charmante, & sage yvresse,
Lorsque ta gloire m'interesse,
D'abord s'empare de mes sens!
Sont-ce des illusions vaines?
Non, tes esprits mûs dans mes veines
Forment d'harmonieux accens.

Au suc de la Vigne rampante
Cede l'orgueil des plus hauts Pins;
Ces Vins exquis que l'on nous vante
Cedent au suc de nos raisins.
Oui, delicieuse Champagne,
En vain l'Italie, & l'Espagne
Te disputeroient cet honneur;
Ton merite partout efface
Ces fins Coteaux que prise Horace;
Et des Humains fait le bonheur.

En couleur ton Nectar excelle,
Comme un Diamant précieux
Dont le vif plait, change, étincelle,
Et tout d'un coup ravit les yeux.
En odeur, il est une essence
Dont les esprits vont par avance
Saisir doucement l'odorat;
Qu'il forme une agréable image,
Lorsque dans un mousseux nüage
On voit qu'il reprend son éclat!

Succi latentis proditor halitus ;
Ut ſpuma motu lactea turbido
Cryſtallinum lætis referre
Mox oculis properet nitorem ?

Non hæc inerti, non malè fervido
Sapore peccant pocula : nectare
Tam blandiuntur delicato,
Quàm liquido placuêre vultu.

Non hæc malignus quidlibet obſtrepat
Livor, nocentes diſſimulant dolos
Leni veneno. Vina certant
Ingenuos retinere Gentis

Campana mores. Non ſtomacho movent
Ægro tumultum ; non gravidum caput
Fuligine infeſtant opacâ :
Dìdita ſed facili per omnes

Flexus meatu, nec mala renibus
Triſtis relinquunt ſemina * calculi ;
Nec pœnitendâ ſegniores
Articulos hebetant podagrâ.

Ergo ut ſecundis (parcere nam decet
Raro liquori) ſe comitem addidit
Menſis renidens Teſta ; frontem,
Arbitra lætitiæ, reſolvit

Auſteriorum. Tunc cyathos juvat
Siccare molles : Tunc hilaris jocos
Conviva fundit liberales ;
Tunc procul alterius valere

Viles Lyæi relliquias jubet
Faſtidioſus. Non meritas tamen
Burgunda laudes invidebo
Teſta tibi ; modò, te ſecundâ,

* *On a remarqué que la Gravelle, & la Goutte ſont preſque inconnuës à Reims.*

A nos vallons les Cieux propices
Semblent ſe plaire en le formant,
Il en reçoit mille delices,
Il a l'œil, & le goût charmant.
Quoique diſe la noire envie,
Il eſt ſalutaire à la vie,
Tendre & pur dans ſa qualité,
Et des Peuples de la Champagne
Qu'un air de franchiſe accompagne,
A l'aimable ſimplicité.

Sa céleſte temperature
N'appeſantit jamais le corps,
Jamais n'afflige la nature
Par de tumultueux efforts:
Mais ſans ravages, & ſans peine
On ſent couler de veine en veine
Le feu de ce Jus amoureux,
Qui par ſes vertus admirables,
De mille atteintes deplorables
Defend le Champenois heûreux.

Sitôt que ſur de riches tables,
De ce Nectar avec le fruit
On ſert les coupes delectables,
De joie il s'éleve un doux bruit,
On voit même ſur le viſage
Du plus ſevere, & du plus ſage,
Un air joyeux, & plus ſerain.
Le ris, l'entretien ſe reveille,
Il n'eſt plus de Liqueur pareille
A cet Elixir ſouverain.

Des Vins fameux il eſt l'élite
Qui couronne les grands repas.
Beaune, je priſe ton merite,
Mais que ſur toy Reims ait le pas.

Regnet Remensis. Tu reficis gravi
Exsucca morbo corpora; languido
Tu rore solaris caducam
Mitior & refoves Senectam.

Nam quòd severas eluis efficax
Curas: quòd addis robora militi;
Hoc & popinis hausta passim
Vappa sibi decus arrogabit.

Vos, ô Britanni, (fœdera nam sinunt
Incœpta Pacis) dissociabilem
Tranate pontum. Quid cruento
Perdere opes juvat usque Marte?

Lætis Remensem quàm satius fuit
Stipare Bacchum navibus; & domum
Auferre funestis trophæis
Exuvias pretiosiores!

At, qui procaci carmine munera
Campana vellit, Neustriaco miser
Limo, vel acri fæce guttur
Yvriaci recreet rubelli.

Offerebat Civitati Remensi
CAROLUS COFFIN, Remensis,
Humanitatis Professor
in Collegio Dormano-Bellovaco.
Anno Domini MDCCXII.

Oui, ta liqueur est salutaire,
Elle a la vertu de refaire
Les forces d'un corps en langueur,
Et comme une douce rosée
Humectant la vieillesse usée,
Elle sçait luy flater le cœur
Que du souci qui nous consume,
Elle ait encore le pouvoir
D'ôter la cruelle amertume,
Un vin sans nom le peut avoir.
Est-ce que seuls, & sans partage,
Beaune, tes Vins ont l'avantage
De donner du cœur au soldat?
Le plus vil l'enyvre de gloire,
Et sans douter de la victoire,
Il court en aveugle au combat.
Aujourd'huy traversez les ondes,
Anglois, abordez dans nos Ports,
Et de nos collines fecondes
Venez partager les thrésors.
Tout prend une face nouvelle,
Et j'entends la Paix qui r'appelle
Déja vos funestes guerriers.
Quels biens vous auriez de nos Villes,
En preferant chez vous tranquilles
Vôtre Commerce à vos Lauriers!
Et toy des Vins Juge insipide,
Fade Gourmet de leurs saveurs,
Qui plein de cet air qui decide,
De Reims vient blâmer les faveurs.
Pour expier l'offense insigne
Que ta Muse a faite à la Vigne
De nos Coteaux de Sillery,
Boi du Limon de Normandie,
Ou que ta langue trop hardie
Ne goute que du Vin d'Yvry.

DE BELLECHAUME.

AD CLARISSIMUM VIRUM

GUIDONEM-CRESCENTIUM FAGON,

REGI A SECRETIORIBUS CONSILIIS,

ARCHIATRORUM COMITEM,

Ut suam Burgundo Vino præstantiam adversùs Campanum Vinum asserat.

SUmme Pæoniæ Magister artis,
Cui se Gallia tota debet, ex quo
Rex debet vegetam tibi salutem;
Burgundus tibi supplicem libellum
Huc affert Bromius. Vides ut olli
Se summittere, turgidosque fasces,
Remensis neget arroganter Uva.
Illam compta cohors beatulorum
Stipant; hanc miserè colunt, in unâ
Defixi faciunt beatitates.
Illam præterea ferociorem
Reddunt commoda non putanda parvi,
Si se contineat: color vel ipso
Pellucens mage, puriorque vitro;
Subtilis sapor, & vibrante flammâ
Obtusum licet, atque iners palatum
Efficax pupugisse: odorque, qualem
Quisquis nare semel bibat sagaci,
Illum combibat usque & usque odorem
Nec se sit potis abstinere ab illo.
Hæc tot commoda non putanda parvi
Rivalem faciunt ferociorem.
Hinc inversa scyphis tumet, fremitque;
Spumasque agglomerat furore mixtas,
Æstuans, levis, inquies, proterva.

A MONSIEUR F**

REQUESTE.

Hippocrate François, dont l'art sçut à la France
Dans LOUIS conserver sa gloire & sa puissance;
*Docte F** permets que sur un nouveau fait*
La Bourgogne aujourd'huy te presente un Placet.
Assez & trop long-temps ma discrette droiture
De la fiere Champagne a souffert l'imposture:
Quelques faux délicats qui la suivent toûjours,
Tiennent à mon sujet d'injurieux discours.
Elle est tout leur bonheur, toutes leurs esperances;
Ils luy donnent sur moy d'injustes préferences,
Et ce qui la remplit de plus fiers sentimens,
C'est d'un brillant trompeur les foibles ornemens.
Qu'elle plaise à leurs yeux, & cesse ses outrages,
J'approuve volontiers tous ses vains avantages;
Que son Nectar par eux à tous momens vanté,
Du verre transparent ait toute la clarté;
Qu'il flatte, je le veux, d'une saveur subtile
Le palais le moins fin & le plus imbecile;
Qu'il soit encor doüé d'une si douce odeur,
Qu'elle rappelle à luy sans cesse son beuveur.
C'est là tout ce qui rend la Champagne si fiere,
J'y souscris; mais je hay son arrogance altiere.
Enflez du même orgueil tous ses vins bondissants
N'élevent que des flots écumeux, fremissants:
Leur liqueur furieuse inconstante & legere,
Etincelle, petille & boût dans la fougere:
C'est de cette liqueur qu'un Poëte enyvré
Déclamant contre moy se sert d'un style outré,

Quin & exacuit fero liquore
Vatem in nos animosior; sonantes
Imò se in numeros loquax resolvit:
Ut, Testam indocilis pati tot annos
Mensarum dominam elegantiorum,
Testam deprimeret procax, novamque
Fronti splendidulæ adderet coronam.
Et jam turgida futili triumpho,
Cuppis luxurians in ebriosis,
Gemmarum segetem micantiorum
Per convivia lætiora jactat.
* Jam caput sibi, quotquot orbe toto
Nascuntur, generosiora vina
Inclinare latex jubet tyrannus.
Nil posthac tibi proderit, Falernum,
Magnus quòd fidicen lyræ latinæ
Te plectro haud imitabili sacravit,
Et latè dedit imperare vinis.
En sceptrum Uva tibi rapit superba;
Rex olim, imperio novi Poëtæ
Nunc plebecula vilis, hanc adoras.
Nil nostro quoque proderit Lyæo
Quòd dulci utile mitior maritat.
Ipse & Silleriæ jubetur Uvæ,
Mensarum dominam elegantiorum,
Pronam advolvere, subditamque Testam.
Quid? vultu ille nitens benigniori,
An sub limpidulo colore mendax
Celat toxica, blandiensque tortor,
Mordaci stomachum exedit veneno?
Annè adulterat impios liquores
Calculus comes, & comes podagra:
Turba & fertilis innatat malorum?
Rivalem exprimat hæc imago Vitem.
Ergo, Pæoniæ Magister artis,
Burgundus tibi se, suosque honores

li ele- issi- Oden inscri- , pan a icata.

C'est, en m'injuriant, l'ardeur de son genie
Qui se résout, *dit-il*, en nombreuse harmonie.
L'ambitieux dessein qu'il conçoit dans son cœur
Est d'abaisser, s'il peut, l'éclat de ma liqueur:
Il fait tous ses efforts pour luy ravir l'empire
Et donner la Couronne à celle qu'il admire.
La Champagne qui croit que son triomphe est seûr
Déja s'enorgueillit de son regne futur.
On voit de toutes parts sa liqueur effrenée,
De Bijoux éclattans superbement ornée,
Aller de table en table étalant ses appas.
S'insinuer ainsi dans les meilleurs Repas;
L'insolente commande, & sûre des suffrages,
Des plus grands Vins en Reine exige les hommages;
Elle veut l'emporter sur les plus genereux,
Se les assujettir & dominer sur eux:
Sitost que regnera cette Liqueur moderne,
Que deviendront alors tes honneurs, ô Falerne?
*Des Vins, Toy, qui d'*Horace *est reconnu le Roy,*
De la Champagne enfin tu subiras la loy?
Un Poëte du temps, un fier & jeune Horace,
A transferé le sceptre, & dans Reims il le place.
Moy, Bourgogne, j'irois fléchir à ses genoux,
Moy dont les Vins fameux sont si sains & si doux?
Quoy donc! n'ont-ils pas l'œil & le goust agréable?
Cachent-ils sous leur lustre un poison détestable?
Et ne plaisant qu'aux yeux par un éclat trompeur,
Portent-ils à la tête une noire vapeur?
Blessent-ils l'estomac, & leur seve infidelle
Donne-t'elle aux Humains la goutte & la gravelle?
Sont-ils tristes auteurs de mille infirmitez?
Ma Rivale superbe a ces proprietez.
Ainsi, Docte F** *il s'agit de ma gloire,*
Contre ce faux Censeur qui ternit ma memoire,
Daigne me secourir de ton autorité,
De ses discours hautains reprime la fierté,

Commendat Bromius : rogatque contra
Audaces numeros, modosque, largæ
Quos vix pulmo animæ capax anhelet ;
Contra & delicias beatulorum
Ut linguam sibi commodes patronam,
Compescasque animos ferocis Uvæ,
Hoc se jure suo rogare censet,
Si lenis tibi semper, atque faustus
Aspersit calices modestiores :
Si judex satis indicavit usus,
Rivalem ut bonitate vincit Uvam.
Quamquàm, te moderante, sanitatem
Regis si fovet innocente succo ;
Regis, cujus adhuc virens senectus
Integræ nihil invidet juventæ :
Quid grandes numeros, modosve curet ?
Quid fastum metuat beatulorum,
Et fastidia delicatulorum ?
Hoc erit titulo satis beatus.

BENIGNUS GRENAN,
Burgundus, Professor Humanitatis
in Harcurio.

Prononce en ma faveur un avis qui rabatte
De ces petits Gourmets la troupe delicate.
Juge experimenté tu n'approuveras pas
L'orgueil d'une Liqueur qui prend ſur moy le pas,
Auprés de toy je crois avoir quelque merite,
Si mon vin fut toûjours ta liqueur favorite,
Si l'uſage pour moy cent fois t'a convaincu
Combien je ſurpaſſois ma Rivale en vertu.
Toutefois qu'ay-je à craindre? En vain la jalouſie
Vient s'attaquer à moy, que le Prince a choiſie,
Ce Prince dont l'air ſain, que maintient ma liqueur,
De la Jeuneſſe encore a l'ardente vigueur.
Pourquoy m'embarraſſer d'un tas de petits Maîtres,
De Cenſeurs pleins de goûts dépravés & champêtres?
Ma gloire & mon bonheur eſt de plaire à la Cour
D'un grand Roy, dont je fais & l'eſtime & l'amour.

DE BELLECHAUME.

DECRETUM MEDICÆ APUD INSULAM * COON FACULTATIS

* Hippocratis Patriam.

Super Poëticâ Lite

CAMPANUM INTER ET BURGUNDUM VINUM ortâ,

Post editum à Poëtâ Burgundo Libellum supplicem.

QUandò ad Tribunal se stitit nostrum reus
Burgundus ille Bromius, & nobis suos
Supplex honores asserendos tradidit,
Mœrente voltu, voce lacrumabili :
Æquum'st relicti solitudinem Senis
Respicere, probris vindicare ab omnibus,
Latamque misero velle, quî fas est, opem.
Olli Remensis scilicet tristem notam
Inussit Amphora, ausa quæ nuper fuit
Fastu insolenti & latice lymphatum impio
Vatem sonantes mittere in versus furens ;
Quo lætâ defensore volitat, ebriis
Blandum vaporem naribus passim ingerens,
Gemmasque jactat & decus crystallinum,
Tetricamque Burgundi indolem ridens Senis,
Longè Amphorarum aït esse jocondissima.
Sed & nocere sanitati se nihil,
Decreta contra, proh scelus ! Machaonum,
Contraque Coï oraculum haud fallax Senis,
Effutit impudenter, Usu judice.
Quæ si ferantur ulteriùs, heu ! jam omnia
Sus déque vorti seriùs lugebimus,
Nec quidquam inausum temeritas linquet procax-

DECRET
DE LA
FACULTE' DE MEDECINE
DE L'ISLE DE CO,
Rendu sur la Requête cy-dessus.

SUR la Requête presentée
Par la Bourgogne maltraitée,
CONTENANT *qu'au mépris des loix,*
Et reglemens faits autrefois,
La Champagne aujourd'huy rebelle
S'attribuant des droits sur elle,
A suscité certain rimeur
Dont elle empoisonne le cœur,
De qui la verve petulante
Deshonore la Suppliante;
Depuis qu'il prend ses interets,
Qu'elle est plus fiere que jamais,
De tous côtez d'un air yvrogne
Triomphe, & rit de la Bourgogne,
Dit, exaltant son Jus fatal,
Qu'il a le brillant du cristal,
Que cet éclat qui fait sa gloire
Partout remporte la victoire;
Contre l'Usage, & nos Decrets
Qui condamnent ses vains attraits,
Soûtient qu'il est sain, & paisible,
Et qu'il ne fut jamais nuisible:
Que si l'on souffroit plus long-temps
Ces desordres exorbitans,
Les traits de sa noire Satyre
Sans doute iroient de pire en pire.

Ergò ut misello Supplici fiat satis,
Novæque frena dentur ut licentiæ,
Priùs inimicâ quàm malum invaleat morâ,
Censet salubris Archiatrorum Cohors
Hoc sanciundum comitiis solennibus.

Volt, fama constet sarta tecta Supplici:
Qualem omne semper Æsculapium genus,
Autore Coo, asseruit olli firmiter.
Eluito curas igitur, ut priùs, Senex
Burgundus ille; pauperi addito cornua;
Resides ad arma acuito milites potens:
Liquore miti accersito somnos leves,
Musamque vividus excitato torpidam:
Regnato mensis unus. Alma sic comes
Hygiæa febres corpore avortat malas,
Longosque præsens det potirier dies.

Jam quod Remensis Amphoram spectat soli;
Pœnas oportet arrogantiæ luat,
Idque orbe toto cognitum oppidò siet;
Alias ut olim comprimat metus Amphoras.

Nunc ergo cœnis exulato ab omnibus;
Molli vetator delicatum vellere
Guttur salivâ. Niteat illâ liquidior
Neustriacus iste limus; illâ suaviùs
Titillet haustus dolio Yvriaco latex:
Olfacere quisquis Improbam audebit; statim
In hunc (perito quippe sic placitum Choro)
Ultrix Podagra, & Calculus tortor ruat,

A CES CAUSES, comme il eſt dû,
Voulant qu'il ſoit ſur ce pourvû,
Avant qu'augmente la licence,
Que tout allant en decadence,
Il n'en arrive un plus grand mal,
Nôtre Conſeil Medecinal
Sans retard veut, entend, ordonne
Que nôtre chere Bourguignonne
Digne de la table des Rois
Soit maintenuë en tous ſes droits,
Tels que depuis ſon origine
Luy confirma la Medecine;
Qu'elle ôte les ſoins odieux,
Rende le Pauvre audacieux,
Inſpire au Soldat du courage
Comme il fut prouvé par l'uſage,
Et que d'une Muſe en langueur
Elle r'anime la vigueur,
Qu'elle ſeule domine aux Tables,
Cauſe des ſommeils delectables;
Pour la ſanté du corps humain
Soit un remede ſouverain;
Qu'elle ait enfin malgré l'envie
Le don de prolonger la vie.
Afin que le crime à punir
Serve d'exemple à l'avenir,
Entend que la honte accompagne
Partout l'orgueilleuſe Champagne;
A ſes Vins pleins de faux appas
Défend l'entrée en tout repas;
Ordonne que leur ſeve plate
Doreſnavant n'ait rien qui flate,
Que le Cidre ſoit plus brillant
Le Vin d'Yvry plus excellent,
Que qui les flaire, ou qui les goûte,
D'abord ſoit atteint de la goute;

Fluorque ventris teter, & capitis dolor,
Et faucium importuna ſtrangulatio,
Et lenta Phthiſis, & tota Morborum cohors:
Nec, cùm jacebit lectulo affixus, gemens,
Divæ experitor Artis efficaciam.
Quin iſta ſerpat ad animum contagio:
Et mente tardâ, pingui & ingenio ſiet,
Bœota quale terra parturit pecus:
Vel quale Belgica procreat cerviſia.
Aſt qui nefandis verſibus tutarier
Auſu'ſt Protervam, toxico Illius miſer
Proluitor uſque & uſque; nec domet ſitim.
Si quando carmen cudere incipiet novum,
Rigeſcat olli vena pejus marmore;
Et invenuſtos durus extundat modos,
Vix Mæviorum ſtulto adoptandos gregi.
Jubetor autem charta ſceleris conſcia,
Inepta charta, prohibiti fautrix meri,
(Ne ſe elegantem fortè & egregiam putet)
In veſtiundis pharmacis putreſcere.

Datum in Inſulâ Coô
Anno 4°. *Olymp.* 91ª.
C. C. R. Facultatis Scriba.

De la Gravelle ait les tourmens,
Rhûmes, Coliques, Devoyemens,
Douleurs de tête, & de poitrine,
Sans secours de la Medecine,
Que tous maux viennent le saisir,
Car tel est nôtre bon plaisir;
Comme un Flamand Bûveur de Biere
Qu'il soit plongé dans la matiere,
Comme un Huron qu'il soit brutal,
Et n'ait dans luy que l'animal:
Pour punir sa Verve indiscrete,
Ordonne aussi que le Poëte
Qui protege cette liqueur,
S'en noye à tout moment le cœur,
Sans que sa soif demesurée
En soit jamais desalterée;
Veut de plus qu'au sacré Vallon
Il soit rebuté d'Apollon;
S'il arrive qu'il versifie,
Que sa veine se petrifie,
Que ses vers François, ou Latins
*Soient durs, & dignes des C***
Veut en outre que ce Libelle
Ecrit de sa main criminelle
Jamais ne soit d'aucuns vanté
Pour son tour, ny pour sa beauté;
Et comme un ridicule ouvrage
Le condamne au plus sale usage.

DE BELLECHAUME.

A MESSIEURS COFFIN ET GRENAN,
Professeurs des Belles Lettres, sur leurs Combats Poëtiques, au sujet des Vins de Bourgogne & de Champagne

O D E.

Vivez en paix sur le Parnasse,
Amis, à quoy bon vos combats?
Voulez vous imiter Horace?
Parmi les Ris suivez ses pas.
Plein du Falerne, & du Massique
De ces Vins il chanta le nom,
Animez vôtre voix lyrique
Du Champagne, & du Bourguignon.
Pour connoître la difference
Du Nectar de Beaune, & de Reims,
Il faut mettre vôtre science
A bien gouter de ces deux Vins.
Joignez ces Liqueurs ravissantes,
Vous ferez des vers plus charmants,
Laissez aux Muses languissantes
Boire la Liqueur des Normands.
En même temps épris des charmes
Et d'Apollon, & de Bacchus,
A tous les deux rendez les armes:
Quel plaisir d'en être vaincus!
Ces Dieux, Juges de vôtre cause,
Ont leur siége parmi les pots,
Venez; des Vers, & de la Prose
Ils vont vous faire les Heros.

DE BELLECHAUME.

TRADUCTION DU MESME DECRET PAR UN AUTRE AUTEUR.

SUR ce qu'à nôtre Tribunal
Aux fins d'arrest Medecinal
Represente Dame Bourgogne,
Dame habile à rougir la trogne,
DISANT, qu'un noir accusateur
Vient l'attaquer en son honneur,
Et que d'une voix lamentable
Elle se plaint que sur la table
Au commencement du repas
Ses yeux rouges ont moins d'appas,
Qu'au dessert certaine cabale
N'en trouve en ceux de sa rivale:
Il est juste que sans retard,
A sa Requête ayant égard,
Nous prenions en main sa defense,
Et luy donnions la préference.
Le cas est que certain Rimeur
Enyvré de la belle humeur
Où l'avoit mis sa Champenoise,
A Bourguignonne cherchoit noise
Sur la Vigne de son pays,
Dont nous sommes moult ébahis,
Tant grossiere est la medisance,
Aussi nous en aurons vengeance.
Qui des deux te semble meilleur,
Luy disoit-il d'un ton railleur,
Admirant son vin dans un verre?
Le plus excellent de Tonnerre
A-t'il ce brillant, ce fumet?

J'en appelle au premier gourmet :
Il n'a que du corps & point d'ame ;
Là dessus luy chantoit la gamme.
Deplus au mépris des Decrets
Des Medecins les plus discrets
Dans la Faculté la plus sage,
Il prenoit à témoin l'usage,
Que son vin, loin de faire mal,
Etoit même plus pectoral ;
Vit-on jamais telle insolence ?
Si pourtant on avoit créance
Au dire de cet Imposteur,
Et sur nous s'il étoit vainqueur,
Tout iroit, malgré l'Ordonnance
En peu de temps en décadence.
Donc, pour punir cét attentat,
Qui ne peut que troubler l'Etat,
Et contenter la Suppliante,
Que nous connoissons innocente,
Plustost que par retardement
Le mal augmente tellement,
Que de toute la teriaque
Il soutienne & brave l'attaque,
Nôtre celebre Faculté
Ce qui s'ensuit à decreté.
Primò, qu'il soit dit dans le monde,
Que de la Bourgogne feconde
Par tout on doit boire le vin
Pour le meilleur & le plus fin :
De tout temps nôtre Aréopage
D'Elle rendit ce témoignage.
Secundò, comme auparavant
Qu'il rende orgueilleux l'Indigent,
Qu'il anime les Gens de guerre,
Que, comme un pavot somnifere,
Des Conviez dans le Festin

Il aſſoupiſſe le chagrin,
Qu'au Poëte il ſoit favorable
Et qu'il regne ſeul ſur la table.
Tertiò, que de tout venin
Dont ſoit gaſté le cœur humain,
L'aſpect ſeul de ce Jus fidele
Diſſipe la vapeur mortelle.
Quartò, que la Déeſſe enfin
Fille du Cerveau de Jupin,
Hygyne aux maux ſi formidable,
De ce Vin ſoit inſéparable:
Que l'un & l'autre de concert
Mette les Beuveurs à couvert
De toute chaleur inteſtine,
Ainſi que fait la Medecine,
Et que contre une prompte mort
Remede aucun ne ſoit plus fort.
Quant à la rivale bouteille
Dont l'accuſateur dit merveille,
Il eſt temps d'arreſter le cours
De ſes impertinents diſcours,
Et luy faire porter la peine
De l'entêtement qui l'entraine;
Les autres vins à ſes dépens
Rendront ſages leurs Partiſans.
Qu'à preſent donc vin de Champagne,
Ou de riviere ou de montagne,
Soit banni loin de tout repas,
Que l'on craigne ſes faux appas,
Cette liqueur eſt meurtriere,
Que pluſtoſt ſous une gouttiere
On ſe déſaltere de l'eau
Qui s'y reçoit dans un Cuveau;
Que le limon de Normandie,
Qu'une abondance d'eau rougie,
Que d'Yvri le jus prunelleux

Semble meilleur & plus vineux.
Et si contre l'obéïssance
Qui se doit à nôtre ordonnance
Quelqu'un le flairoit seulement,
La Faculté pour lors entend,
Que son sang forme éresipele,
Qu'il ait la goutte & la gravelle,
Que son ventre, comme un tonneau
Qu'on défonce à coups de marteau,
Se débondonne dans ses chausses;
Et pour le mettre à toutes sausses,
Que la Migraine dans l'instant
De sa teste en distille autant,
Que l'importune esquinancie
Se joigne à la lente phthisie,
Qu'en un mot tous les maux alors
Se réunissent dans son corps.
Plus, fait à ses Supposts défense
D'apporter aucune allegéance
A quiconque au lit étendu
Souffrira pour en avoir bû:
Veut aussi que la maladie,
S'il ne chante palinodie,
Passe à l'esprit incontinent;
Qu'il l'ait lourd, hebeté, pesant,
Comme peuple de Beotie
De raison qui peu se soucie,
Ou comme de grossiers Flamands,
Dont la Bierre abrutit les sens.
Item, aprés cette Sentence
Aux lieux de nôtre dépendance
Et partout où il nous plaira,
Même à Reims où besoin sera,
Avec colle bien affichée
Sans qu'elle puisse être arrachée,
Si quelqu'un dans tout l'univers

S'avise de faire des Vers,
Ou contre Beaune il se déchaine,
Nous ordonnons que pour sa peine
Sa verve s'enroüille à tel point,
Que le plus détergent vieux-oint
Ne la puisse jamais remettre,
Ou que sa piece soit si pietre,
Que les écrits de Mævius
Passent auprés pour du Phébus.
  Plus, faisant droit sur la demande,
Condamnons l'Auteur à l'amande,
Voulons aussi qu'il ait le cœur
Toûjours noyé dans sa liqueur,
Qu'il s'en empoisonne à plein verre
Sans jamais qu'il se desaltere.
  Voulons qu'à confiscation
Soit mise l'Ode en question:
Que nos vassaux Apoticaires
En ramassent les exemplaires
Pour envelopper leurs onguents,
Si mieux n'aiment à leurs Chalands,
Aprés certain petit breuvage,
Les porter pour un autre usage.
  Donné dans la ville de Cô,
Publié par la Nymphe Echo
De la quatre-vingt-onziéme
Olympiade, An quatriéme,
Signé par moy Greffier en chef
De la Faculté. Beau relief!

DE EODEM ARGUMENTO MISSA AD BURGUNDUM POETAM

Ipsâ die Bacchanaliorum nonâ Februarii 1712.

EPISTOLA.

QUid juvat innocuas accendere in arma Camœnas ?
Quid juvat imbelli bella movere ſtylo ?
Hic menſis Campana vetat, vetat ille reponi
Pocula Burgundi quæ tulit uber agri.
Eſt vatum Bacchus, Vatum Deus alter Apollo,
Parnaſſi pars eſt cuique dicata Deo.
Præſidet hic Paci, Bellum fovet ille, jubetque
Plenos pro telis vulnera ferre ſcyphos.
Verſibus hinc cauſam malè defendiſtis, uterque;
Certandum cyathis (res tulit ipſa) fuit.
Has dirimit Bacchus præſenti numine lites,
Cùm dedit haud parco corda calere mero.
Campanis quantùm cedat Burgundia cellis,
Cùm vinum in cyathos fudit, utrumque docet.
Ergo age: lux quoniam genio eſt hæc ſacra, bibamus.
Scribe locum, venio; quóque vocâris, eo.

LETTRE

Sur le même sujet, qui fut envoyée à M. GRENAN, le Mardy gras dernier 9e Fevrier 1712.

TRADUCTION.

Qu'est-il besoin pour des Liqueurs
De mettre en guerre les neuf Sœurs ?
Vous sçavez par experience
Que leurs armes sont sans defense.
L'un demande dans le festin
Qu'on n'ait du goust que pour son vin,
Et l'autre, enteté comme un diable,
Ne veut que le sien sur la table.
Phœbus & Bacchus sont deux Dieux
Que les Poëtes ont pour eux :
Aussi tous les deux ont leur place
Au double sommet du Parnasse.
Le premier preside à la paix,
L'autre ne la souffre jamais,
Il veut toûjours qu'on soit en guerre,
Et qu'on la fasse à coups de verre.
Il étoit donc plus à propos
Que sur le champ parmy les pots
Vous vuidassiez vôtre querelle,
Que de vous user la cervelle,
C'eut esté pour lors que Bacchus,
Vous voyant remplis de son jus,
Mieux qu'Apollon par sa presence
Vous eut montré la difference
Qu'on doit faire de ces deux Vins :
Et saisi des charmes divins
Que Reims enferme en sa bouteille,
Vous la trouveriés sans pareille.
Ainsi, puis qu'à nous humecter
Ce jour semble nous inviter,

Tu Belnenſe dabis, noſtrum Remenſe ſequetur;
Nos niſi malueris ſumptibus ire tuis;
Si modò Neuſtriaco ſitientia guttura limo
Qui recreant, menſis hos procul eſſe voles.
Burgundo Remum par eſt ſociare bibendo,
Arbiter & vini eſt potor uterque bonus.

AD EUNDEM

EPIGRAMMA.

QUid trahis ad Medici certantia vina tribunal?
Ni periit, ſaltem nunc tua cauſa malá eſt.
Num bona Grenano quæ defendente laborat?
Num valet auxilium quæ petit à Medicis?

Ne differons pas davantage.
Ou de Beaune ou de l'hermitage
Vous nous fournirez le plus fin
Puis nous en boirons de Coffin, *
Si mieux n'aimez par complaisance
Fournir vous seul à la depense :
Mais avec nous point de Normands,
Sur ce fait ils sont ignorants.
Un franc Bourguignon se fait gloire
D'estre avec un Remois à boire.
Ils sont tous deux bons connoisseurs,
Et ne sont pas moins bons buveurs.

* M. Coffin a reçu de la ville de Reims un present considerable de vin par reconnoissance pour son Ode.

AU MEˊME

EPIGRAMME.

A ce que je me persuade,
Sur la qualité des bons Vins,
Grenan, ta cause est bien malade,
Tu consultes les Medecins.

SUR LES PARTISANS DE L'EAU ET DU CIDRE &c. AU PREJUDICE DES VINS.

EPIGRAMME.

Dans l'Eau, pour qui la boit, gist la mélancolie :
Dans le Jus du beau Fruit qui croît en Normandie
On ne trouve que fraude & qu'infidelité,
Ce n'est que dans les Vins qu'on voit la verité.

EPIGRAMMA.

Tristis semper adest Abstemius ; usque dolosus
Est humor Siceræ : Vina sed ingenua.

Permis d'Imprimer, à Paris ces 15. & 22. Mars 1712.

M. R DE VOYER D'ARGENSON.

Registré sur le Livre de la Communauté des Libraires & Imprimeurs de Paris, N° 229 & 230. conformément aux Reglemens, & notamment à l'Arrest de la Cour du Parlement du troisiéme Decembre 1705. A Paris ce 29. Avril 1712.

L. JOSSE, Syndic.

www.ingramcontent.com/pod-product-compliance
Lightning Source LLC
LaVergne TN
LVHW012021160826
845678LV00002B/953

* 9 7 8 2 3 2 9 6 5 1 2 5 5 *